BENKU

一 本 言 色　　万 般 皆 酷

跟着美食去旅行

美食旅行

FOOD
TRAVEL
LIFE

鳗鱼 编著

长江出版社
CHANGJIANGPRESS

漫娱图书

山中走兽云中燕
陆地牛羊海底鲜

心困城市繁华里
跟着美食去旅行

打卡城市的
大街小巷

寻找美食的
神秘旅行

成都

九天开出一成都
万户千门入仙途

得火锅者
得天下

火锅

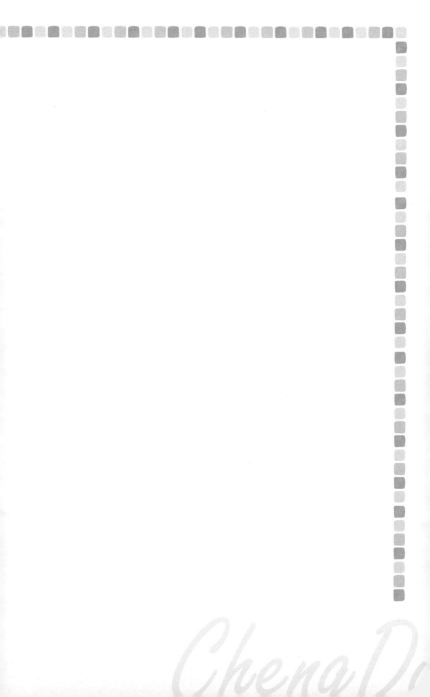

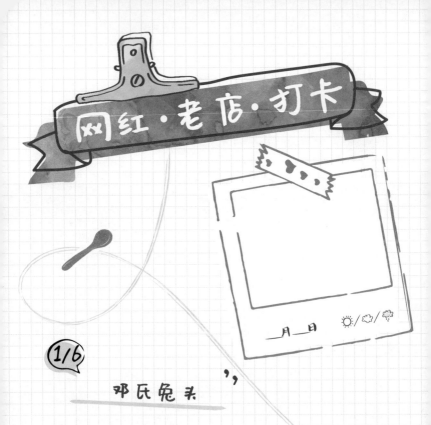

(1/6)

邓氏兔头

招牌：红油兔头
位置：成都市金牛区一环路北 2 段 -102 号
上榜宣言：兔兔这么可爱，那一定要尝尝

★ ★ ★ ★ ★ ★

📋 美食点评：

2/6

谢记甜水面 ''

招牌：甜水面
位置：成都市金牛区抚琴街北二巷
上榜宣言：虽然我很甜，但我可是
爆辣女孩

___月___日 ☀/☁/🌧

★★★★★★
📋 美食点评：

3/6

贺记蛋烘糕 ''

招牌：怪味蛋烘糕
位置：成都市青羊区文庙西
街1号附8号
上榜宣言：20种口味蛋烘糕，
总有一款你喜欢的

★★★★★★
📋 美食点评：

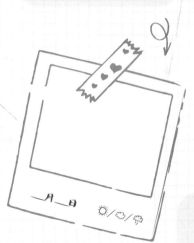

___月___日 ☀/☁/🌧

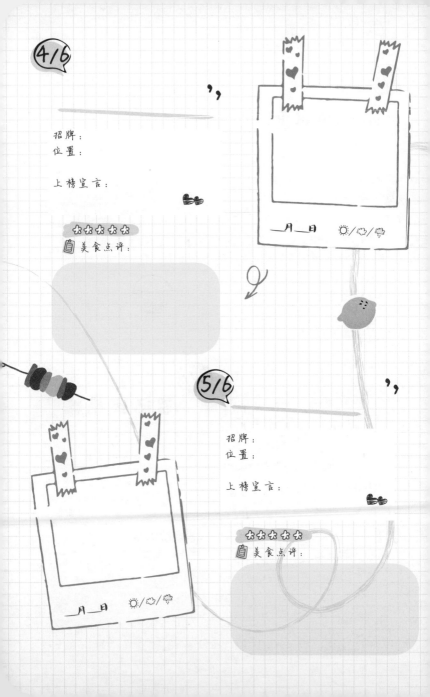

4/6

招牌：
位置：

上榜宣言：

★★★★★★
美食点评：

_月_日 ☀/☁/⛈

5/6

招牌：
位置：

上榜宣言：

★★★★★★
美食点评：

_月_日 ☀/☁/⛈

心仪店铺安利

616

''

招牌:
位置:

上榜宣言:

★★★★★

美食点评:

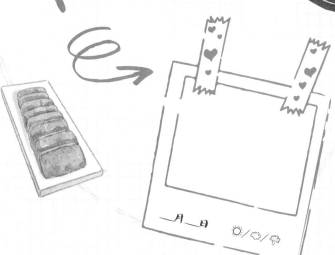

__月__日 ☀/☁/🌧

龙抄手 钟水饺
四川美食 CP 组

龙抄手

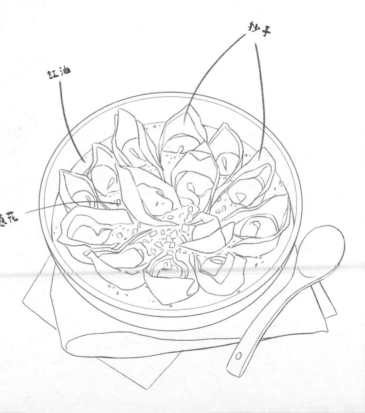

红油

抄手

葱花

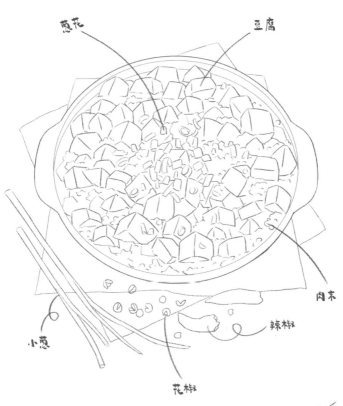

蔥花

豆腐

肉末

辣椒

小蔥

花椒

麻婆豆腐

麻婆豆腐里没有麻婆
鱼香肉丝里没有鱼

日期　　　　天气　　　　心情

Showtime

今日早饭:

地点:

全场最佳:

Showtime

今日中饭:

地点:

全场最佳:

Showtime

今日晚饭:

地点:

全场最佳:

Showtime

今日早饭:
🌸
🌸
🌸
地点:
全场最佳:

Showtime

今日中饭:
🌸
🌸
🌸
地点:
全场最佳:

Showtime

今日晚饭:
🌸
🌸
🌸
地点:
全场最佳:

日期 天气 心情

Showtime

今日早饭:

地点:
全场最佳:

Showtime

今日中饭:
地点:
全场最佳:

Showtime

今日晚饭:
地点:
全场最佳:

鲜香麻辣 下饭第一名

水煮牛肉

菜谱难度：★ ★ ★ ★ ☆

用料：

牛里脊——200g	郫县豆瓣——1汤勺
黄豆芽——150g	淀粉——1调料勺
叶类青菜——150g	鸡精——1/2调料勺
蒜——2瓣	花椒——1/2调料勺
姜——1块	胡椒——1/2调料勺
葱——1根	辣椒面——1调料勺
	菜籽油——1汤勺

1/ 牛里脊横切成大小接近的片状。

2/ 加入少许盐和胡椒入味，加入
淀粉抓均匀。

3/ 蔬菜类（豆芽，叶类青菜）过滚水，煮好沥
干水分放入准备装水煮牛肉的容器中。

4/ 姜切丝，蒜切末，锅烧热倒入较多的油，
姜丝爆炒然后加入花椒粒炒香，然后放入
豆瓣酱翻炒，炒出红油。

5/ 锅中加水，水煮开后，加入鸡精调味，滑
入腌制好的牛肉片，牛肉变色后立马关火
盛入容器中。

6/ 牛肉片盖在青菜上，肉上撒辣椒面，
大蒜末、葱末。

7/ 锅洗净，烧热后，加入油，烧至冒烟，浇在辣椒
面和蒜末上。

8/ 水煮牛肉完成。

 小技巧　横切牛羊 竖切猪 斜切鸡

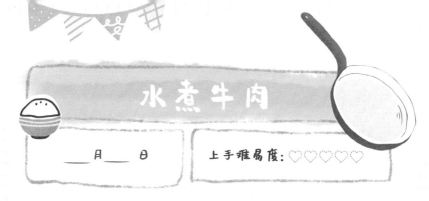

水煮牛肉

____月____日

上手难易度: ♡♡♡♡♡♡

🕐 烹饪耗时:

💵 烹饪花费:

✏️ 自我评价:

📄 美味小笔记:

曾经沧海难为水
　　"鱼香肉丝配鸡腿"

在成都的我
（扶我起来我还能吃）

湘

长沙

湘江北去 橘子洲头
观长沙之美 品豆腐之香

初闻臭气扑鼻
入口外焦微脆
慢嗅浆香渍入
细品肉软味鲜

黑色经典

臭豆腐

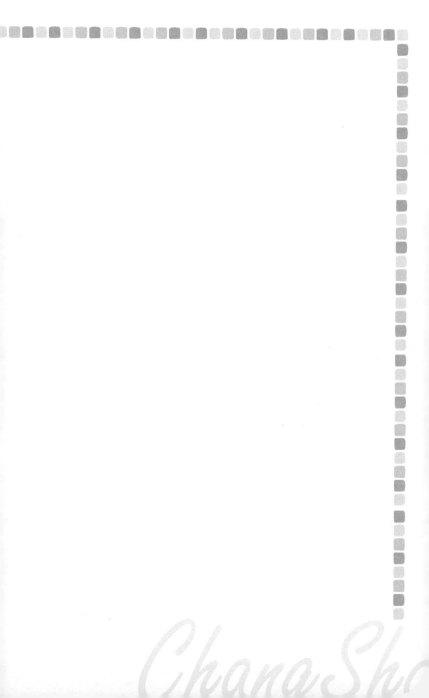

网红·老店·打卡

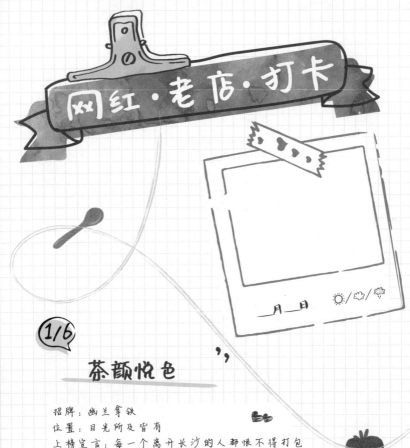

_月_日　☀/☁/🌧

茶颜悦色

招牌：幽兰拿铁
位置：目光所及皆有
上榜宣言：每一个离开长沙的人都恨不得打包
100 份茶颜带走

★★★★★

📋 美食点评：

文和友

招牌：口味虾
位置：湖南省长沙市芙蓉区人民西路226号
上榜宣言：每天发号到手软的口味虾

★★★★★★
美食点评：

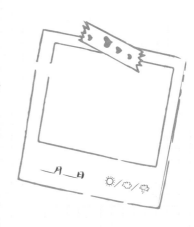

_月_日　☀/☁/☂

黑色经典

招牌：原味臭豆腐
位置：天心区五一大道753号
上榜宣言：麻辣鲜香，好吃不胖

★★★★★★
美食点评：

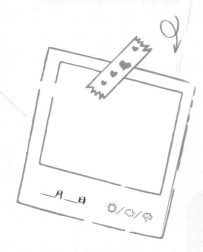

_月_日　☀/☁/☂

4/6

招牌:
位置:

上榜宣言:

★★★★★
美食点评:

_月_日 ☀/☁/⛈

5/6

招牌:
位置:

上榜宣言:

★★★★★
美食点评:

_月_日 ☀/☁/⛈

心仪店铺安利

_____

"

招牌：

位置：

上榜宣言：

★★★★★

美食点评：

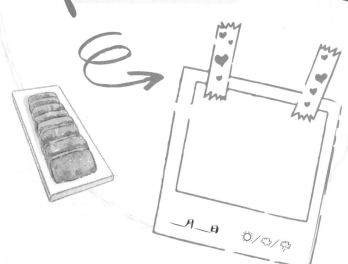

__月__日　☀/☁/☂

口味虾

除不好去壳外
一切都只有完美二字形容

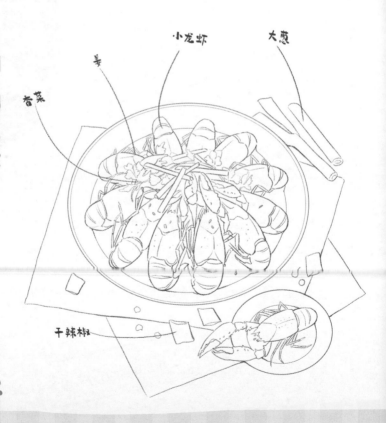

姜

香菜

小龙虾

大葱

干辣椒

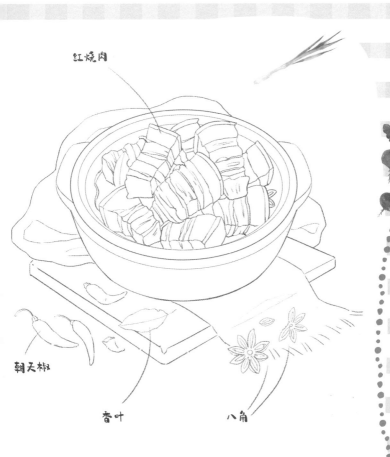

红烧肉

朝天椒

香叶

八角

毛氏红烧肉

浓香酥烂 入口即化
毛爷爷的最爱

日期　　　　天气　　　　心情

Showtime

今日早饭:
🌸
🌸
🌸
地点:
全场最佳:

Showtime

今日中饭:
🌸
🌸
🌸
地点:
全场最佳:

Showtime

今日晚饭:
🌸
🌸
🌸
地点:
全场最佳:

日期 天气 心情

Showtime

今日早饭:

🌷

🌷

🌷

地点:

全场最佳:

📷

Showtime

今日中饭:

🌷

🌷

🌷

地点:

全场最佳:

📷

Showtime

今日晚饭:

🌸

🌸

🌸

地点:

全场最佳:

📷

湘味下的小甜蜜

糖油粑粑

菜谱难度：★★ ☆ ☆ ☆

用料：

红糖——20g

糯米粉——150g   白糖——10g

油——10g   芝麻——2g

1 将糯米粉用温水搅拌，揉成不黏手的面团，切忌太干！裂了就不好看了。

2 将面团搓成细长条，用刀切成等份，用掌心轻压。

3 锅中烧开水，将糯米团放入水中煮至浮起后捞出。

4 锅中倒入白糖红糖，放入适量水融化后，小火放入煮好的糯米团子，不断晃动，让每一个糯米团子都均匀地裹上糖汁。

5 等糖水变浓稠，关火，找一个漂亮的容器，洒下芝麻。美味的糖油粑粑完成。

小技巧 火急炸不好饼

糖油粑粑

___月___日

上手难易度：♡♡♡♡♡

🕐 烹饪耗时：

💵 烹饪花费：

✏️ 自我评价：

📋 美味小笔记：

干啥啥不行

吃饭第一名

长沙
一个让我竟不知从何吃起的美食之都

21天美食打卡

顿 / 天	1	2	3	4	5	6	7	8	9
早饭									
中饭									
晚饭									

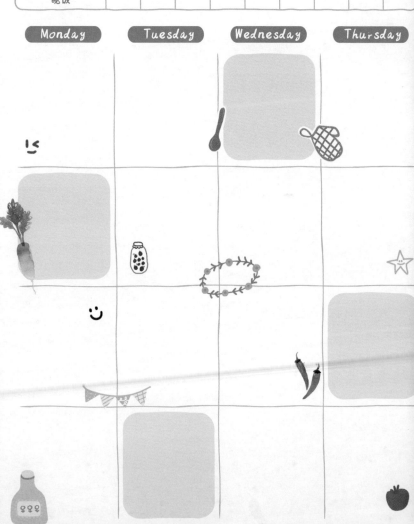

Monday	Tuesday	Wednesday	Thursday

10	11	12	13	14	15	16	17	18	19	20	21

Friday	Saturday	Sunday	Special day

Welcome to

武汉

千湖之省 楚汉秀水

过早文化：边过早是
边走路 过过早是
武汉人的必备技能

热干面

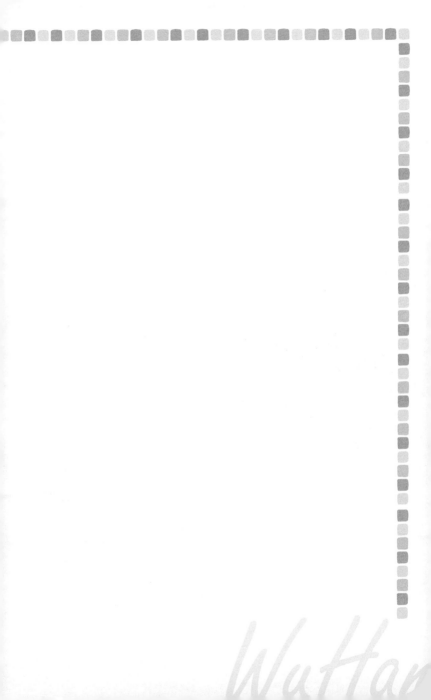

网红·老店·打卡

1/6 天天红油
　　赵师傅热干面

招牌：油饼包烧卖
位置：武汉市武昌区粮道街139号
上榜宣言：这家的面和烧卖是真的好吃

★★★★★
美食点评：

_月_日　☀/☁/🌧

2/6

沈记烧烤海鲜 ''

招牌：蟹脚热干面
位置：湖北省武汉市江汉区万松园雪松路44号
上榜宣言：鲜香蟹脚，浓郁汤汁，满分

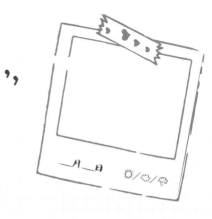

__月__日　☀/☁/⚡

★★★★★★
🗒 美食点评：

3/6

王师傅豆皮 ''

招牌：豆皮
位置：武汉市江岸区高雄路与台北一路交叉口
上榜宣言：做武汉最快乐的仔，吃最香糯的豆皮

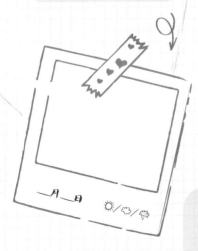

__月__日　☀/☁/⚡

★★★★★★
🗒 美食点评：

4/6

招牌:
位置:

上榜宣言:

★★★★★
美食点评:

＿月＿日 ☀/☁/🌧

5/6

招牌:
位置:

上榜宣言:

★★★★★
美食点评:

＿月＿日 ☀/☁/🌧

心仪店铺安利

招牌:

位置:

上榜宣言:

★★★★★

美食点评:

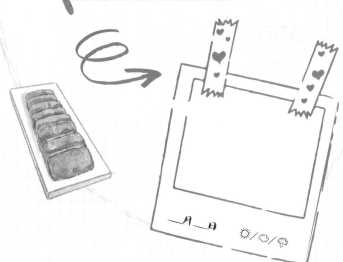

＿月＿日　☀/☁/☂

才饮长江水 又食武昌鱼

武昌鱼

香菜

葱白

鳊鱼

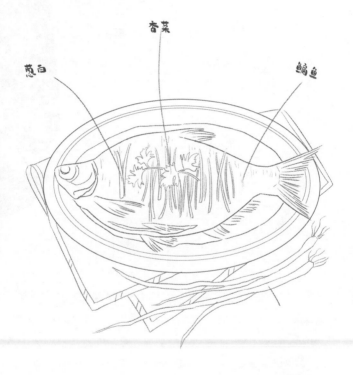

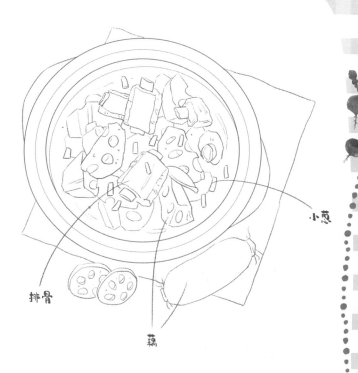

小葱

排骨

藕

排骨藕汤

无藕汤不成席 用最老的瓦罐煨最香的汤

Showtime

今日早饭:

地点:

全场最佳:

Showtime

今日中饭:

地点:

全场最佳:

Showtime

今日晚饭:

地点:

全场最佳:

日期　　　　　　　天气　　　　　　　心情

Showtime

今日早饭:

🌸

🌸

🌸

地点:

全场最佳:

Showtime

今日中饭:

🌸

🌸

🌸

地点:

全场最佳:

Showtime

今日晚饭:

🌸

🌸

🌸

地点:

全场最佳:

日期　　天气　　心情

Showtime

今日早饭:

地点:

全场最佳:

Showtime

今日中饭:

地点:

全场最佳:

Showtime

今日晚饭:

地点:

全场最佳:

过年大口吃肉肉

黄金肉糕

菜谱难度：★ ★ ★ ☆ ☆

用料：

猪肉馅——1000g

姜——10g

葱——10g

盐——2料理勺

鸡精——1料理勺

白胡椒粉——1料理勺

鸡蛋——6个

红薯淀粉——3汤勺

1/ 姜、葱切碎，加水浸泡20分钟。

2/ 猪肉馅肥瘦比例3:7，剁成肉末。

3/ 鸡蛋蛋黄蛋清分离，蛋黄搅散留用。

4/ 肉馅加入蛋清，盐、胡椒、味精、红薯淀粉调味，分批次加入适量的葱姜水，不断搅拌，让肉馅充分吸收水分。

5/ 准备容器，容器内部抹上油，将搅拌充分的肉馅均匀倒入容器内，用勺子抹平表面，压实。

6/ 锅中烧水，架好蒸笼，等水烧开。

7/ 将打散的蛋黄液倒在肉馅上面，留一小部分，用保鲜膜盖住容器，在保鲜膜上戳几个小孔，放入上汽的蒸笼中，蒸10~15分钟。

8/ 蒸煮后将剩余蛋液再一次抹到肉馅上上色，关火，焖5分钟。

9/ 取出肉糕，切片，摆盘。

小技巧　煮饺子要水多 蒸包子要猛火

黄金肉糕

____月____日

上手难易度：♡♡♡♡♡♡

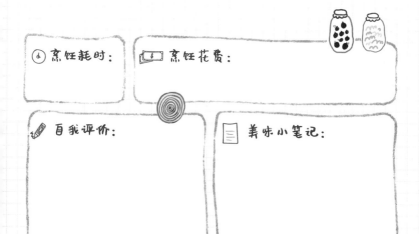

🕐 烹饪耗时：

💵 烹饪花费：

✏️ 自我评价：

📝 美味小笔记：

好吃的东西要吃进肚子里
可爱的人要放在心里

据说携手走过长江大桥的
情侣能相爱一生

豫 郑州

华夏文明发祥地
国家历史名城

胡辣汤

我死也不会吃胡辣汤的

哎呀 真好喝

网红·老店·打卡

_月_日 ☼/⛅/🌧

1/6

方中山胡辣汤 "

招牌：招牌胡辣汤 + 葱油饼
位置：郑州市金水区紫荆山路 3 号新月大厦 1 层
上榜宣言：高淀粉，真快乐

★★★★★
📋 美食点评：

蔡记蒸饺

招牌：肉蒸饺

位置：中原西路与杏湾路交叉口西北 200 米

上榜宣言：出门百步外，余香留口中

★★★★★★

美食点评：

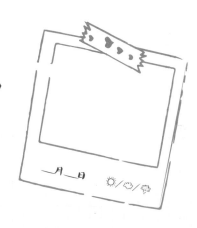

_月_日 ☼/☁/☂

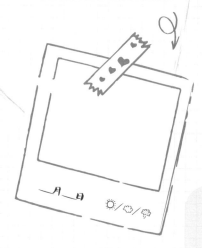

_月_日 ☼/☁/☂

葛记焖饼

招牌：焖饼

位置：河南省郑州市中原区伏牛路 100 号

上榜宣言：百年老店推荐，香哭小朋友

★★★★★★

美食点评：

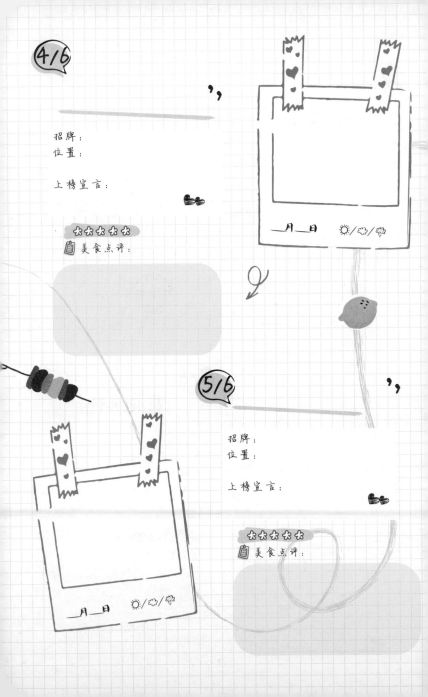

4/6

招牌：
位置：

上榜宣言：

★★★★★
美食点评：

_月_日   ☀/☁/⚡

5/6

招牌：
位置：

上榜宣言：

★★★★★
美食点评：

_月_日   ☀/☁/⚡

616

心仪店铺安利

招牌：

位置：

上榜宣言：

★★★★★

📋 美食点评：

__月__日 ☀/☁/☂

河南卤面

河南人民夏天的快手家乡菜

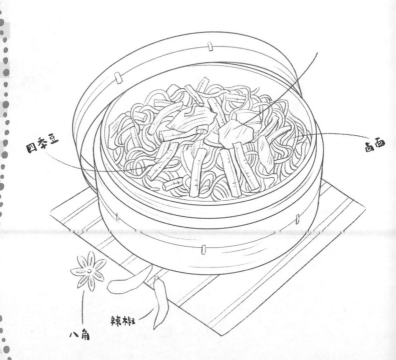

四季豆

卤面

八角

辣椒

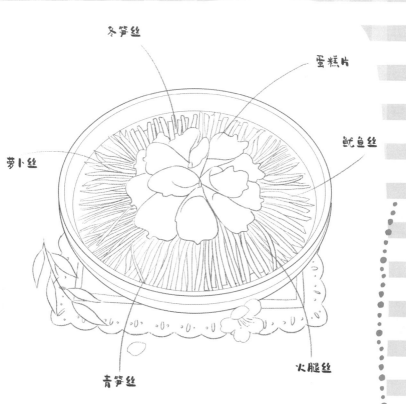

冬笋丝

蛋糕片

鱿鱼丝

萝卜丝

青笋丝

火腿丝

牡丹燕菜

洛阳牡丹甲天下 菜中也开牡丹花

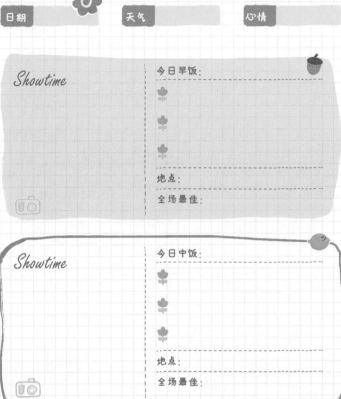

日期　　　　天气　　　　心情

Showtime

今日早饭：

🌸

🌸

🌸

地点：

全场最佳：

Showtime

今日中饭：

🌸

🌸

🌸

地点：

全场最佳：

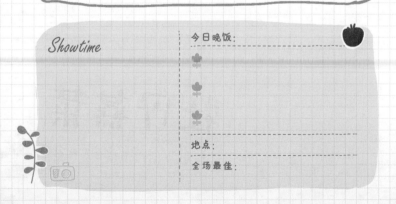

Showtime

今日晚饭：

🌸

🌸

🌸

地点：

全场最佳：

Showtime

今日早饭:

🌱

🌱

🌱

地点:

全场最佳:

Showtime

今日中饭:

🌱

🌱

🌱

地点:

全场最佳:

Showtime

今日晚饭:

🌱

🌱

🌱

地点:

全场最佳:

Showtime

今日早饭：
🍁
🍁
🍁

地点：
全场最佳：

Showtime

今日中饭：
🍁
🍁
🍁

地点：
全场最佳：

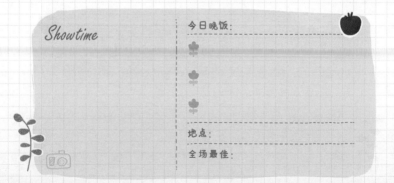

Showtime

今日晚饭：
🍁
🍁
🍁

地点：
全场最佳：

麒麟臂首选锻炼方式

三不沾

菜谱难度：★ ★ ★ ☆ ☆

用料：

鸡蛋黄——5颗　　白糖——50g

桂花糖——2大勺　　淀粉（木薯粉）——10g

1/ 桂花糖加水，过滤出有桂花香的糖水（干桂花冲泡加糖也可）。

2/ 将桂花糖水中加入淀粉、五个鸡蛋黄、白糖混合均匀。

3/ 过滤去泡沫，让口感更加细腻。

4/ 锅中加入猪油，倒入三不沾翻炒，疯狂翻炒，让三不沾从液体往固体转化。

5/ 基本定型后加入少量猪油让三不沾变光滑，等基本光滑后加入少量猪油翻炒至完全光滑。

6/ 盛出装盘即可，加入干桂花装饰。

三不沾

___月___日

上手难易度: ♡♡♡♡♡

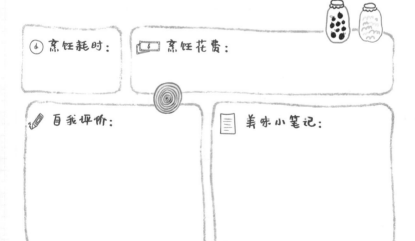

🕐 烹饪耗时:

💵 烹饪花费:

✏️ 自我评价:

📝 美味小笔记:

我们河南娃
能把面食弄出一百种花样

天下没有不散的筵席
但你如果请客
我可以陪你多吃一会儿

21 天美食打卡

顿 / 天	1	2	3	4	5	6	7	8	9
早饭									
中饭									
晚饭									

Monday **Tuesday** **Wednesday** **Thursday**

10	11	12	13	14	15	16	17	18	19	20	21

Friday	Saturday	Sunday	Special day

京

北京

天下文明不及此
春风吹遍紫禁城

全聚德每年
鸭能绕地球一圈
出的的

烤鸭

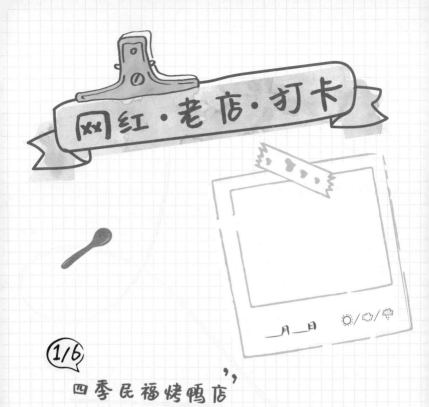

网红·老店·打卡

___月___日 ☀/☁/🌧

1/6

四季民福烤鸭店 "

招牌：烤鸭
位置：南池子大街11号故宫东门旁
上榜宣言：南鸭北渡，妙鸭

★★★★★★

📋 美食点评：

2/6

老磁器口豆汁店 ''

招牌：豆汁
位置：北京市朝阳区劲松南路23号
上榜宣言：老北京人的口味一绝

★★★★★★

📋 美食点评：

3/6

北新桥卤煮 ''

招牌：大小肠卤煮
位置：北京市东城区东四北
大街141号
上榜宣言：北京城里最有名
的卤煮之一

★★★★★★

📋 美食点评：

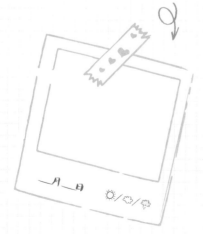

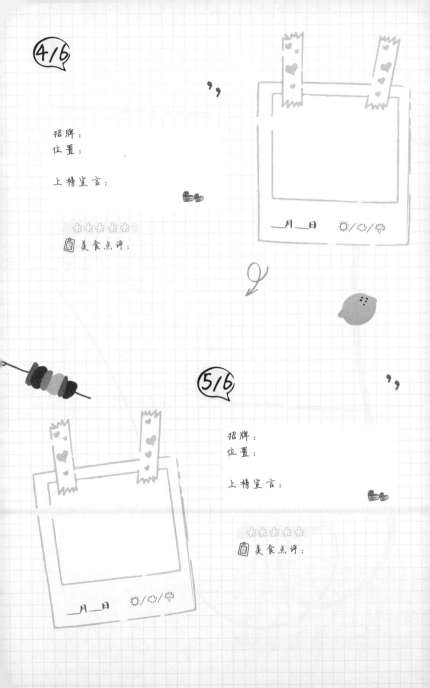

4/6

招牌：
位置：

上榜宣言：

★★★★★
美食点评：

＿月＿日 ☼/☁/⛈

5/6

招牌：
位置：

上榜宣言：

★★★★★
美食点评：

＿月＿日 ☼/☁/⛈

616

心仪店铺安利

招牌：

位置：

上榜宣言：

★★★★★★

美食点评：

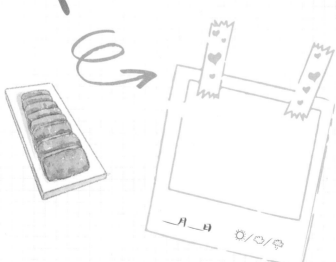

___月___日   ☀/☁/⛈

红糖水馅巧安排
黄面成团豆里埋

驴打滚

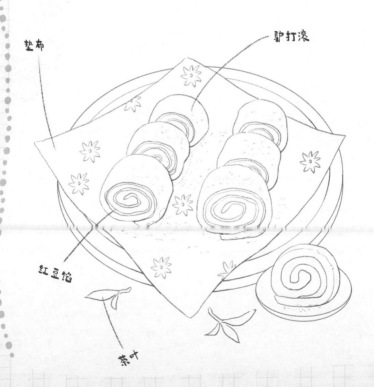

垫布

驴打滚

红豆馅

茶叶

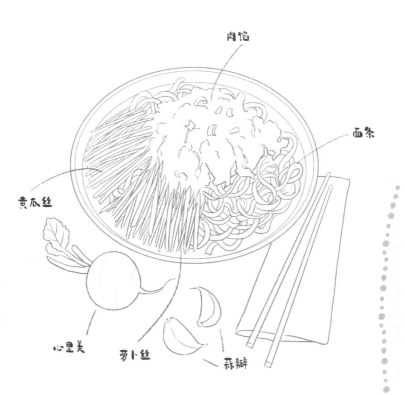

肉馅

面条

黄瓜丝

心里美

萝卜丝

蒜瓣

炸酱面

炸酱面虽只一小碗
七碗八碗是面码儿

Showtime

今日早饭：
地点：
全场最佳：

Showtime

今日中饭：
地点：
全场最佳：

Showtime

今日晚饭：
地点：
全场最佳：

Showtime

今日早饭:

🍁

🍁

🍁

地点:

全场最佳:

Showtime

今日中饭:

🍁

🍁

🍁

地点:

全场最佳:

Showtime

今日晚饭:

🍁

🍁

🍁

地点:

全场最佳:

日期   天气   心情

Showtime

今日早饭:

地点:
全场最佳:

Showtime

今日中饭:

地点:
全场最佳:

Showtime

今日晚饭:

地点:
全场最佳:

京酱肉丝

肉丝包一切

菜谱难度：★ ★ ★ ☆ ☆

用料：

里脊肉——250g   蛋清——1个

甜面酱——2汤勺   料酒——1/2调料勺

白糖——1调料勺   胡椒粉——1/2调料勺

酱油——1汤勺   盐——1/2调料勺

淀粉——1调料勺

配料：

豆腐皮——两片

黄瓜——一根（不喜勿放）

大葱——一根（不喜勿放）

胡萝卜——一根（不喜勿放）

1/ 里脊肉洗净，顺着肉的纹理切片切成细丝，加入少量盐、料酒、胡椒粉入味，再加入蛋清和淀粉不断抓匀，最后加入少量油拌匀后放入冰箱腌制20分钟。

2/ 拿小碗放入适量甜面酱、白糖、酱油加水调均匀。

3/ 将黄瓜、大葱、胡萝卜切丝，豆腐皮切成正方形摆盘备用。

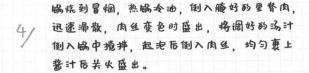

4/ 锅烧到冒烟，热锅冷油，倒入腌好的里脊肉，迅速滑散，肉丝变色时盛出，将调好的汤汁倒入锅中搅拌，起泡后倒入肉丝，均匀裹上酱汁后关火盛出。

5/ 老北京正宗吃法：豆腐皮卷入肉丝，配上配菜，一口咬下去咸香配着蔬菜的清甜，韵味十足。

 小技巧　揉面加盐 增加嚼劲 发面加糖 增加速度

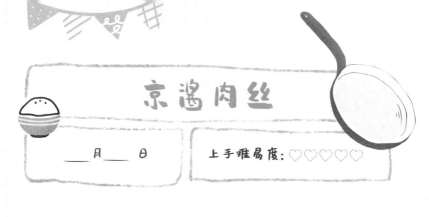

京酱肉丝

___月___日

上手难易度：♡♡♡♡♡

🕐 烹饪耗时：

🥣 烹饪花费：

✏️ 自我评价：

📋 美味小笔记：

成长就是从去哪家饭店吃饭
变成了去哪个城市吃饭

老北京的地道风味藏身于
不知名的小胡同里

黑

哈尔滨

冰雪满世界
江灯十里明

烤冷面

烤冷面の冷知识
正宗的烤冷面可是没有洋葱的

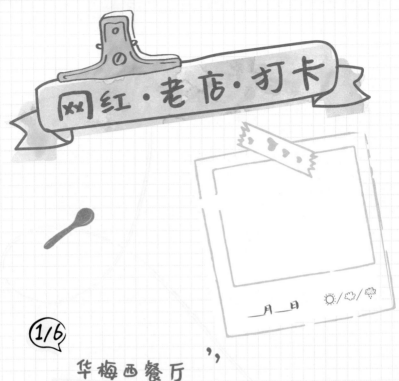

网红·老店·打卡

_月_日 ☀/☁/⛈

(1/6)

华梅西餐厅 ''

招牌：罐焖牛肉
位置：黑龙江省哈尔滨市道里区中央大街112号
上榜宣言：中国四大西餐厅

☆☆☆☆☆

 美食点评：

2/6

马迭尔冷饮厅

招牌：原味冰棍

位置：黑龙江省哈尔滨市道里区西七道街24号

上榜宣言：零下20摄氏度吃冰棍的神奇体验

★★★★★★

美食点评：

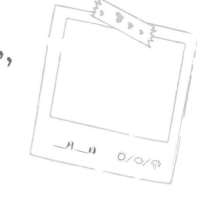

—月—日 ☀/☁/☂

3/6

老昌春饼

招牌：春饼

位置：黑龙江省哈尔滨市中央大街180号

上榜宣言：春饼卷一切

★★★★★★

美食点评：

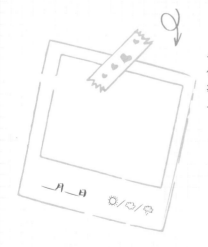

—月—日 ☀/☁/☂

4/6

,,

招牌：
位置：

上榜宣言：

★★★★★★
📋美食点评：

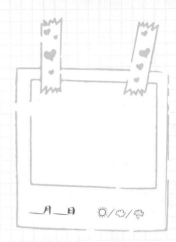

＿月＿日　☀/☁/⛈

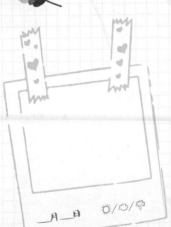
5/6

,,

招牌：
位置：

上榜宣言：

★★★★★★
📋美食点评：

＿月＿日　☀/☁/⛈

616

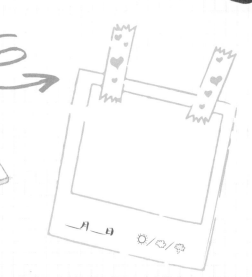

心仪店铺安利

招牌：

位置：

上榜宣言：

☆☆☆☆☆☆

📋 美食点评：

_月_日 ☀/☁/☂

冻水果

冻东北的一切水果 SKR

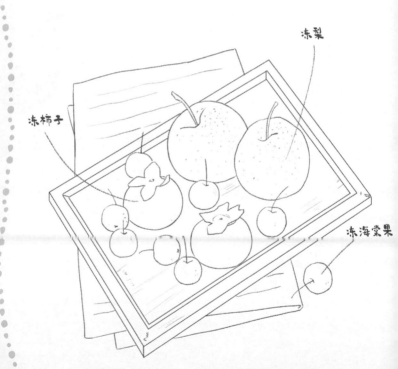

冻梨

冻柿子

冻海棠果

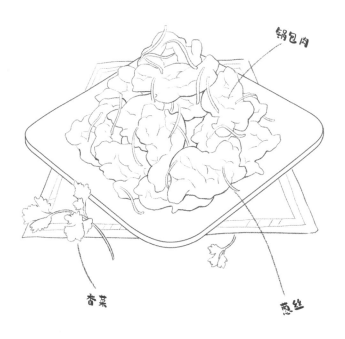

锅包肉

香菜

蔥丝

锅包肉

(Fried Pork In Scoop)

简单粗暴的英文

俄罗斯人最爱

日期　　　　　　天气　　　　　　心情

Showtime

今日早饭：

地点：
全场最佳：

Showtime

今日中饭：

地点：
全场最佳：

Showtime

今日晚饭：

地点：
全场最佳：

Showtime

今日早饭：

🍁

🍁

🍁

地点：

全场最佳：

Showtime

今日中饭：

🍁

🍁

🍁

地点：

全场最佳：

Showtime

今日晚饭：

地点：

全场最佳：

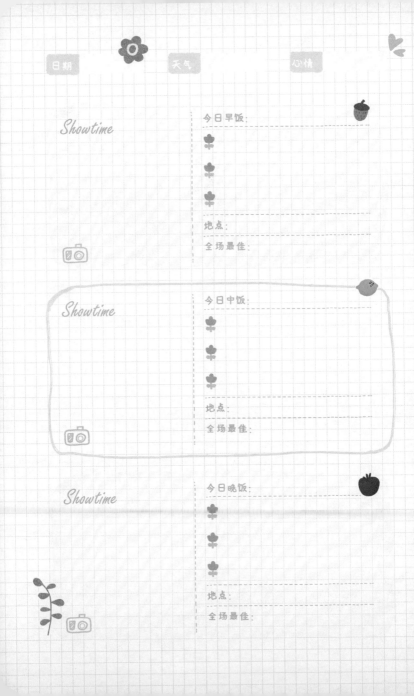

日期　　　　天气　　　　心情

Showtime

今日早饭:

地点:
全场最佳:

Showtime

今日中饭:

地点:
全场最佳:

Showtime

今日晚饭:

地点:
全场最佳:

日期 天气 心情

Showtime

今日早饭:

地点:

全场最佳:

Showtime

今日中饭:

地点:

全场最佳:

Showtime

今日晚饭:

地点:

全场最佳:

时间的沉淀意味着
酸菜可以炖一切

东北酸菜

菜谱难度：★★★☆☆

用料： 大白菜 盐 凉白开

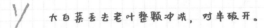

1/ 大白菜丢去老叶整颗冲洗，对半破开。

2/ 放在太阳下晒两三天，晒到菜叶变软，晒去部分水分。

3/ 将腌菜的容器洗净，不能有生水和油。

4/ 容器底部撒一层盐，然后放入白菜，一层盐一层白菜，千万别手抖变咸菜了。

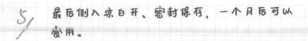

5/ 最后倒入凉白开、密封保存，一个月后可以食用。

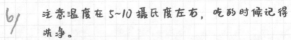

6/ 注意温度在5~10摄氏度左右，吃的时候记得洗净。

小技巧 泡酸菜的时候 容器一定要无油无生水哦

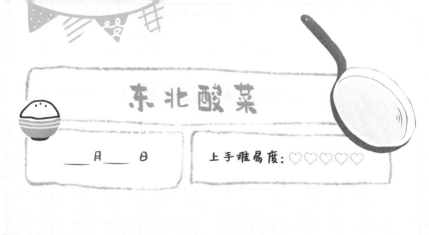

东北酸菜

___月___日

上手难易度：♡♡♡♡♡

烹饪耗时：

烹饪花费：

自我评价：

美味小笔记：

恋爱可以慢慢谈
　　　肉必须趁热吃

我的梦想是住在哈尔滨
"日日食全食美，夜夜碟碟不休"

21天美食打卡

顿/天	1	2	3	4	5	6	7	8	9
早饭									
中饭									
晚饭									

Monday	Tuesday	Wednesday	Thursday

10	11	12	13	14	15	16	17	18	19	20	21

Friday	Saturday	Sunday	Special day

春风得意马蹄疾
一日看尽长安花

羊肉泡馍

掰馍可是个力气活

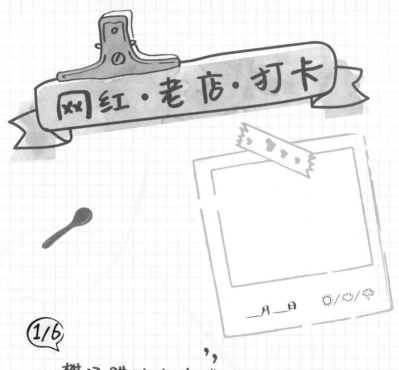

网红·老店·打卡

(1/6)

樊记腊汁肉夹馍"

招牌：招牌肉夹馍
位置：西安市碑林区竹笆市街53号
上榜宣言：樊记肉夹馍保你远离饥饿

★★★★★

美食点评：

2|6

定家小酥肉

招牌：酥肉
位置：西安市莲湖区北院门
大皮院 223 号
上榜宣言：绵缠酥软，奇香
一绝

★★★★★★

美食点评：

3|6

老白家水盆羊肉

招牌：水盆羊肉
位置：西安市莲湖区北广济街
76 号
上榜宣言：舌尖上美食鲜香

★★★★★★

美食点评：

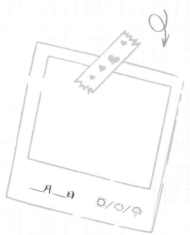

4/6

招牌:
位置:

上榜宣言:

★★★★★★
美食点评:

＿月＿日　☀/☁/☂

5/6

招牌:
位置:

上榜宣言:

★★★★★★
美食点评:

＿月＿日　☀/☁/☂

616

心仪店铺安利

招牌:

位置:

上榜宣言:

★★★★★★

目 美食点评:

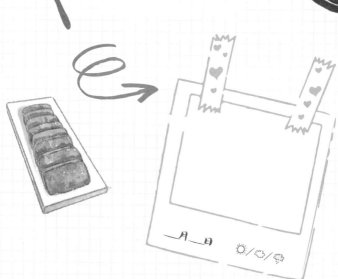

___月___日 ☀/☁/⛆

肉夹馍 +
冰峰汽水

关中汉堡包配关中快乐水

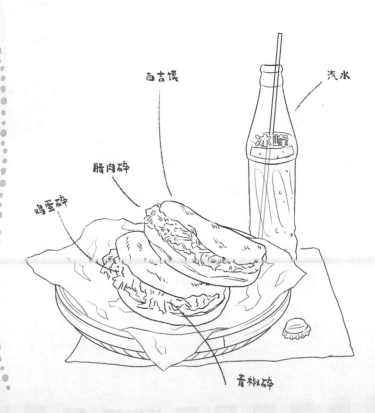

白吉馍

汽水

腊肉碎

鸡蛋碎

青椒碎

甑糕

陕西的汉子也有一口甜甜蜜蜜

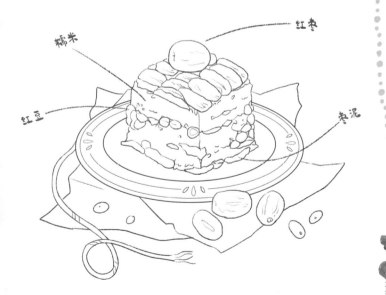

红枣

糯米

红豆

枣泥

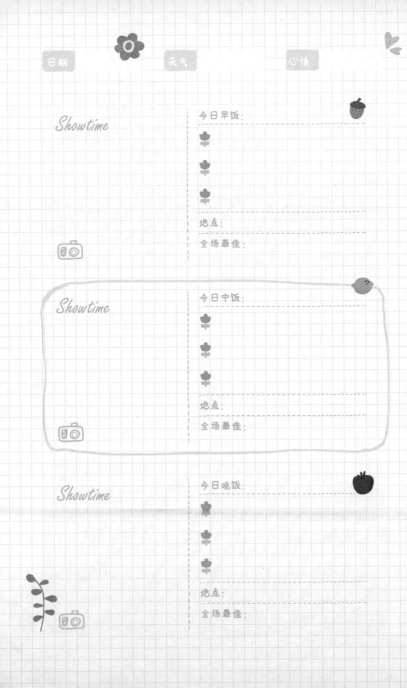

日期　　　　天气　　　　　心情

Showtime

今日早饭：

🍁

🍁

🍁

地点：

全场最佳：

Showtime

今日中饭：

🍁

🍁

🍁

地点：

全场最佳：

Showtime

今日晚饭：

🍁

🍁

🍁

地点：

全场最佳：

日期　　　　天气　　　　心情

Showtime

今日早饭：_____

🌼 _____

🌼 _____

🌼 _____

地点：_____

全场最佳：_____

Showtime

今日中饭：_____

🌼 _____

🌼 _____

🌼 _____

地点：_____

全场最佳：_____

Showtime

今日晚饭：_____

🌼 _____

🌼 _____

🌼 _____

地点：_____

全场最佳：_____

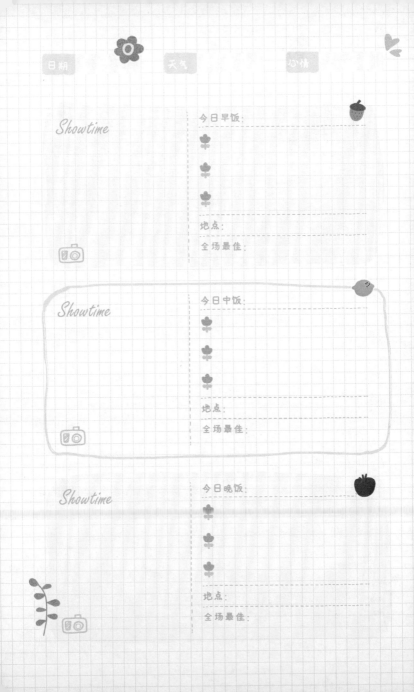

日期　　　　　天气　　　　　心情

Showtime

今日早饭：

地点：

全场最佳：

Showtime

今日中饭：

地点：

全场最佳：

Showtime

今日晚饭：

地点：

全场最佳：

蒸槐花饭

菜谱难度：★★★★☆

用料：

槐花	300g	油	2 勺
面粉	100g	醋	1 勺
盐	1 调料勺		

1/ 槐花洗干净，撒入面粉，使槐花均匀地裹上面粉。

2/ 蒸笼上垫上纱布，将拌好的槐花平铺在布上，水开上汽，蒸七八分钟即可盛出。

3/ 容器内蒜磨成泥，加入生抽、醋、盐、味精，撒上辣椒面。

4/ 锅内倒油，烧至冒烟，浇到辣椒面上。

5/ 将调好的酱汁拌入蒸好的槐花饭中即可。

小技巧 一勺醋两勺生抽配成完美蘸料

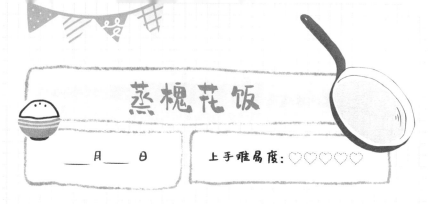

蒸槐花饭

___月___日

上手难易度：♡♡♡♡♡

烹饪耗时：

烹饪花费：

自我评价：

美味小笔记：

在西安我总在吃饱和吃撑
之间犹豫不决

如果有一个馍不能解决的饥饿

那就两个馍

Welcome to

新

乌鲁木齐

不到新疆
不知天下之大

大口吃羊，大口喝酒，快乐似神仙

烤羊排

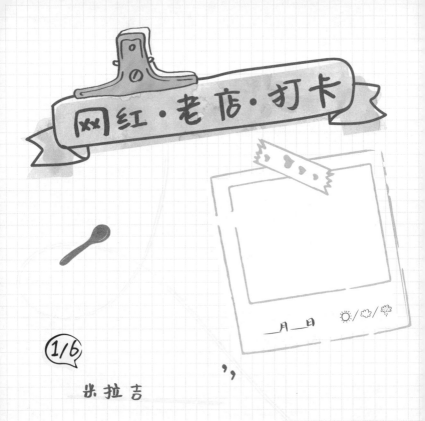

网红·老店·打卡

_月_日 ☀/☁/☂

(1/6)

''

米拉吉

招牌：手抓饭
位置：乌鲁木齐市克拉玛依东街北巷176号
上榜宣言：只怪自己胃小系列

📖 美食点评：

216

赛马场巴克麦提库尔班烤全羊 ''

招牌：烤全羊
位置：乌鲁木齐市大湾南路325号
上榜宣言：来新疆怎么能不吃烤全羊

　　＿月＿日　☼/☁/☂

★★★★★★

📋 美食点评：

316

阿布拉的馕 ''

招牌：馕
位置：乌鲁木齐市西北路104号
上榜宣言：新疆特色之一，满口留香

★★★★★★

📋 美食点评：

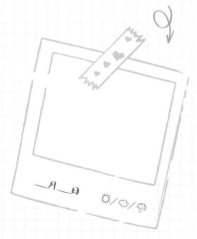

　　＿月＿日　☼/☁/☂

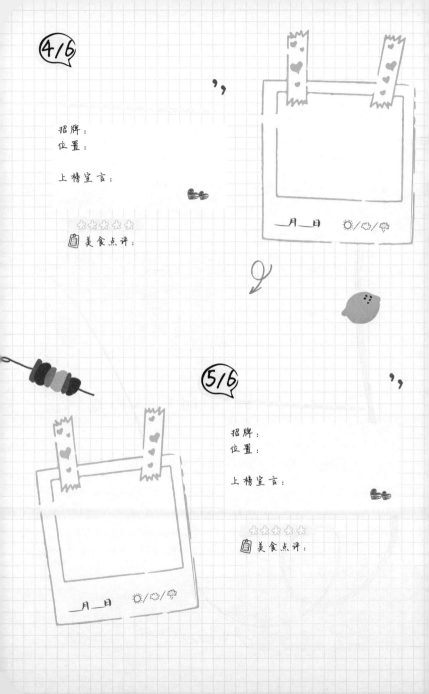

4/6

招牌：
位置：

上榜宣言：

★★★★★★
美食点评：

___月___日　☼/☁/⛈

5/6

招牌：
位置：

上榜宣言：

★★★★★★
美食点评：

___月___日　☼/☁/⛈

616

心仪店铺安利

招牌：

位置：

上榜宣言：

★★★★★★
美食点评：

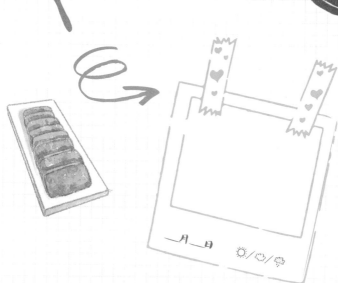

＿月＿日 ☀ / ☁ / ☂

馕

胡麻饼样学京都
面脆油香出新炉

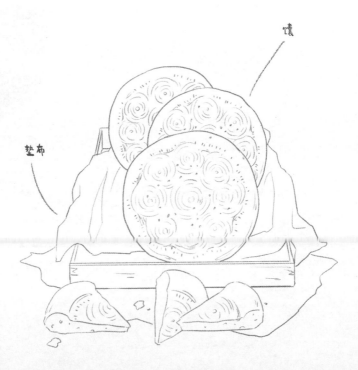

馕

垫布

手抓饭

羊肉的汤汁混着蔬菜的清甜
是浓香与清甜混合的绝美味道

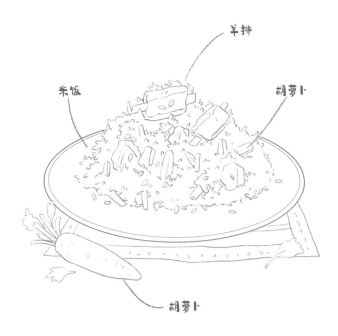

羊排

米饭

胡萝卜

胡萝卜

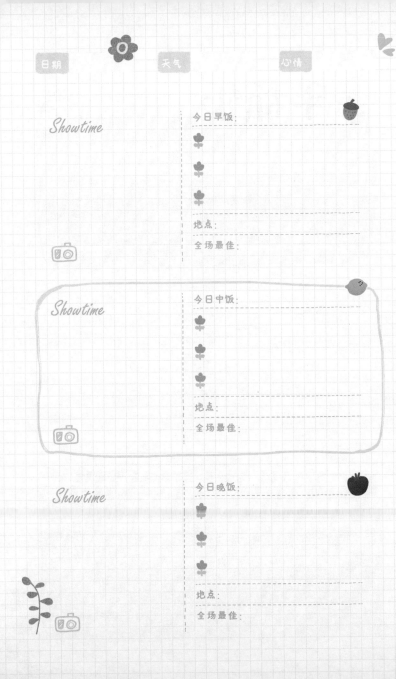

日期　　　　　天气　　　　　心情

Showtime

今日早饭:

地点:
全场最佳:

Showtime

今日中饭:

地点:
全场最佳:

Showtime

今日晚饭:

地点:
全场最佳:

Showtime

今日早饭：
🍁
🍁
🍁
地点：
全场最佳：

Showtime

今日中饭：
🍁
🍁
🍁
地点：
全场最佳：

Showtime

今日晚饭：
🍁
🍁
🍁
地点：
全场最佳：

Showtime

今日早饭：

地点：

全场最佳：

Showtime

今日中饭：

地点：

全场最佳：

Showtime

今日晚饭：

地点：

全场最佳：

大盘鸡

吃鸡叫我

菜谱难度：★ ★ ★ ★ ☆

用料：

大盘鸡

鸡 —— 1只

土豆 —— 2个

青椒 —— 2个

洋葱 —— 1个

糖 —— 1调料勺

干辣椒 —— 3颗

八角 —— 3颗

皮带面：

面粉 —— 500g

水 —— 250g

盐 —— 适量

1/ 在面粉中分次加入水，用筷子拌成絮状，揉成面团。

2/ 面团盖上醒30分钟。

3/ 面团擀成圆形，两面刷油盖上保鲜膜醒发1小时，切成长方形，备用。

4/ 鸡肉剁块，浸泡10分钟去血水。

5/ 锅中烧油，小火倒入白糖熬出焦褐色，起泡时倒入鸡块。

6/ 鸡块均匀上色后加入生姜、大蒜、八角、香叶、花椒、干辣椒继续翻炒，加入生抽、盐，最后倒入没过鸡肉的啤酒。

7/ 将备用的长方形面团拉成宽面下锅煮熟，过冷水，放置待用。

8/ 鸡肉炖20分钟后加入土豆块，最后加入青椒洋葱，留汁。

9/ 最后将面拌入汤汁中。

小技巧　　啤酒烧鸡去腥增香

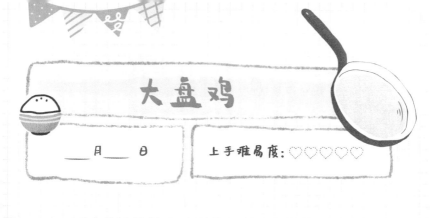

大盘鸡

____月____日

上手难易度：♡♡♡♡♡♡

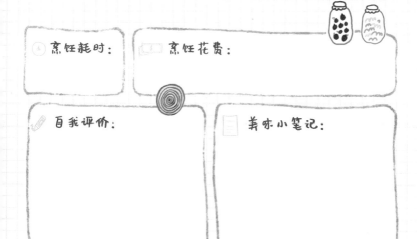

🕐 烹饪耗时：

烹饪花费：

✏️ 自我评价：

📝 美味小笔记：

从哪儿跌倒

就在那里烧烤

感受异域风情
流连新疆街头
一口一口吃掉忧愁

21 天美食打卡

顿 / 天	1	2	3	4	5	6	7	8	9
早饭									
中饭									
晚饭									

Monday	Tuesday	Wednesday	Thursday

10	11	12	13	14	15	16	17	18	19	20	21

Friday	Saturday	Sunday	Special day

昆明

四季看花花不老
一年春日是昆明

过桥米线

没有冒热气的米线里有可以烫熟所有菜的热情

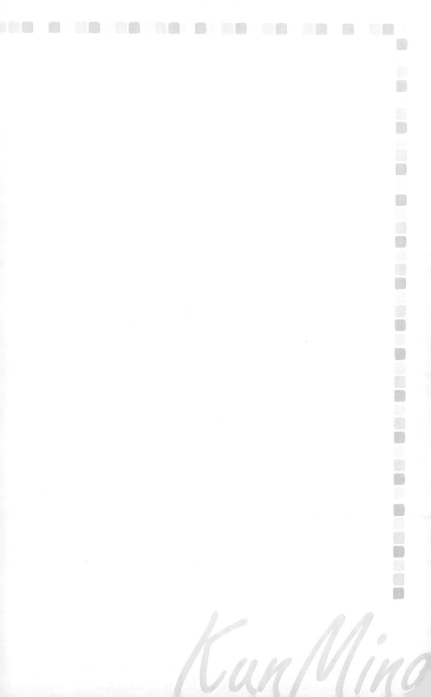

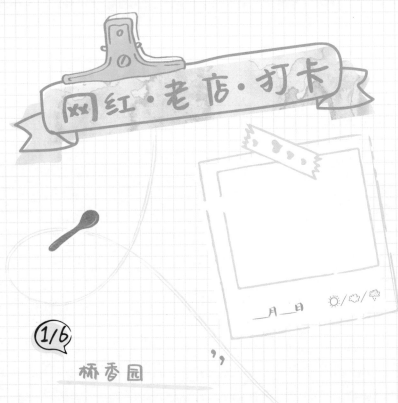

网红·老店·打卡

_月_日 ☀/☁/🌧

(1/6)

桥香园

招牌：米线
位置：云南省昆明市五华区书林街2号
上榜宣言：云南的米线还挺别致的

★★★★★★
📖 美食点评：

嘉华鲜花饼 ,,

招牌：茉莉鲜花饼
位置：云南省昆明市西山区金
马碧鸡坊商业步行街
东寺街 22 号
上榜宣言：昆明最佳伴手礼

★★★★★★
美食点评：

——月——日 ☀/☁/☂

福照楼 ,,

招牌：汽锅鸡
位置：云南省昆明市官渡区北
京路 98 号锦江大酒店 1 楼
上榜宣言：昆明最香汽锅鸡

★★★★★★
美食点评：

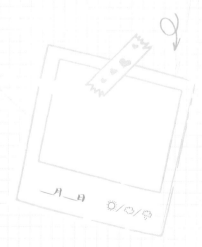

——月——日 ☀/☁/☂

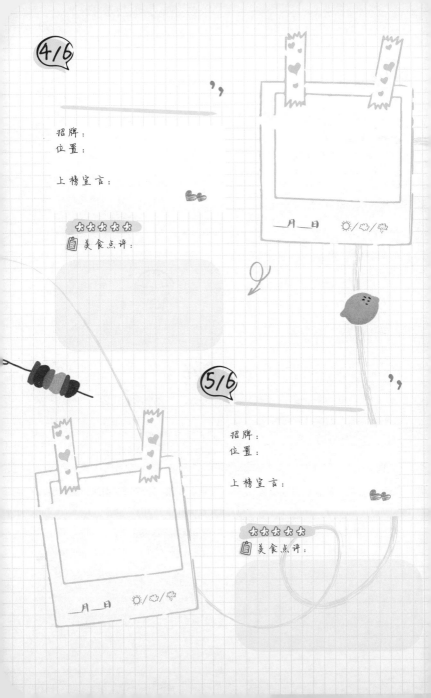

4/6

招牌：
位置：

上榜宣言：

★★★★★
美食点评：

_月_日　☀/☁/⛈

5/6

招牌：
位置：

上榜宣言：

★★★★★
美食点评：

_月_日　☀/☁/⛈

616

心仪店铺安利

""

招牌:
位置:

上榜宣言:

★★★★★
美食点评:

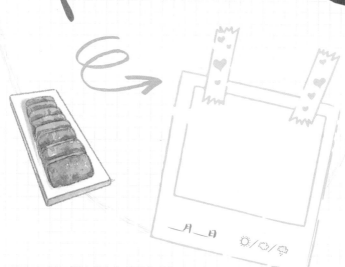

_月_日   ☼/☁/☂

蘑菇传说

传说每一个云南人都有
一个吃蘑菇中毒的朋友

牛肝菌

油鸡枞

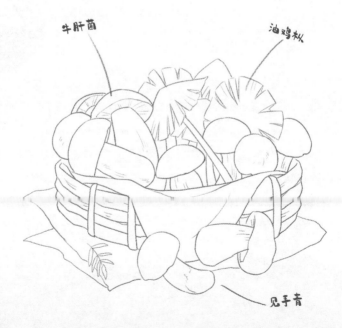

见手青

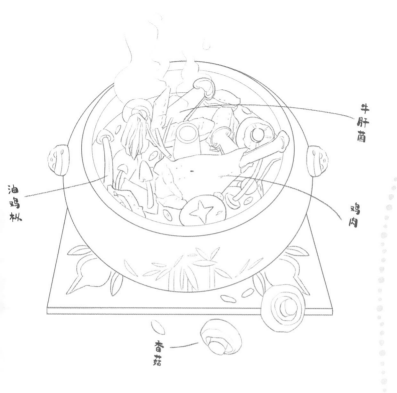

牛肝菌

鸡肉

油鸡枞

香菇

汽锅鸡

正宗的汽锅鸡
不含一滴水

Showtime

今日早饭:

地点:

全场最佳:

Showtime

今日中饭:

地点:

全场最佳:

Showtime

今日晚饭:

地点:

全场最佳:

日期 　　　　天气 　　　　心情

Showtime

今日早饭：
🌿
🌿
🌿
地点：
全场最佳：

Showtime

今日中饭：
🌿
🌿
🌿
地点：
全场最佳：

Showtime

今日晚饭：
🌿
🌿
🌿
地点：
全场最佳：

日期　　　天气　　　心情

Showtime

今日早饭：

🌸

🌸

🌸

地点：

全场最佳：

Showtime

今日中饭：

🌸

🌸

🌸

地点：

全场最佳：

Showtime

今日晚饭：

🌸

🌸

🌸

地点：

全场最佳：

仙女的食物

鲜花饼

菜谱难度：★ ★ ★ ★ ★

用料：

馅：　　　　　　　　　　猪油　　35g

玫瑰酱　　50g　　　　开水　　45g

糯米粉　　100g

花生　　35g

水油皮：　　　　　　　　油酥：

面粉　　120g　　　　中筋面粉　　75g

糖　　适量　　　　　　猪油　　35g

1/ 面粉中加入糖和猪油，分批加入开水，搅拌成絮状。

2/ 用手揉面至成团，醒10分钟揉面至光滑。

3/ 玫瑰酱加入炒熟的糯米粉和花生碎，搅拌捏成团。

4/ 油酥：面粉加入猪油搅拌均匀，揉成光滑的团状。

5/ 将水面皮和油酥分别分成十份，用湿布或保鲜膜盖住。

6/ 水油皮中包好油酥，收口成球状，用擀面杖轻擀至椭圆形。

7/ 卷起面团，然后压瘪再擀至椭圆形，重复两次。

8/ 最后一次擀成舌状的面团卷起，对折，擀圆。

9/ 面团擀成圆形，包入玫瑰馅，用虎口收口，捏紧。

10/ 将10个面团压扁，放入烤盘。

11/ 烤箱提前170度预热十分钟，将烤盘放入预热好的烤箱，烘烤20分钟，中途看看烤箱情况，烘烤10分钟后将饼翻面继续烘烤。

12/ 仙女鲜花饼做好了。

小技巧　干粉搅絮状　面团揉光亮

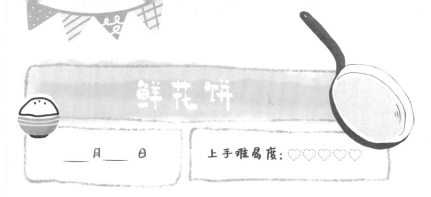

鲜花饼

____月____日

上手难易度：♡♡♡♡♡

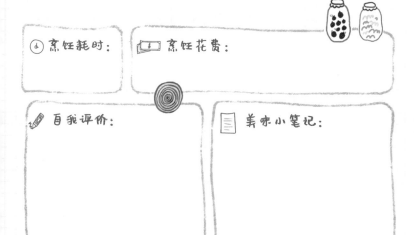

🕐 烹饪耗时：

💴 烹饪花费：

✏️ 自我评价：

📝 美味小笔记：

只要我吃得够快

体重就追不上我

在昆明的最高境界是眼见为"食"

Welcome to ····

贵阳

八山一水一分田
灵山秀水美贵州

三天不吃酸 走路打捞蹿

番茄鱼

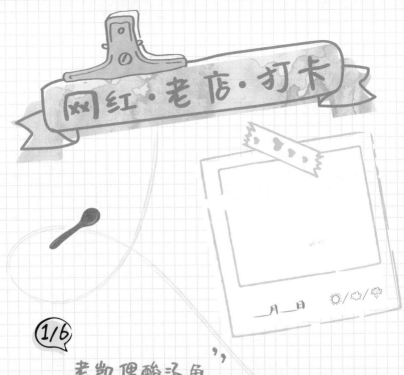

网红·老店·打卡

__月__日 ☀/☁/🌧

(1/6)

老凯俚酸汤鱼 ''

招牌：老牌酸汤鱼火锅

位置：贵州省贵阳市云岩区省府路12号石板街55号

上榜宣言：需要提前预约排队的美食店

★★★★★★

📋 美食点评：

金牌罗记肠旺面

招牌：鸡肠旺面
位置：贵州省贵阳市云岩区蔡家
街与中山东路交叉口建设银行旁
上榜宣言：没有位置也要站着吃
的美食

★★★★★★

圓美食点评：

_月_日　☼/☁/☂

丝恋红汤丝娃娃

招牌：丝娃娃
位置：贵州省贵阳市云岩区中华中
路130号南国花锦购物中心7层
上榜宣言：独家红汤——丝恋家独
门秘籍

★★★★★★
圓美食点评：

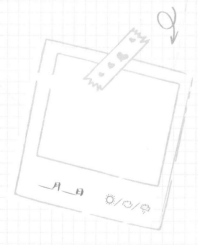

_月_日　☼/☁/☂

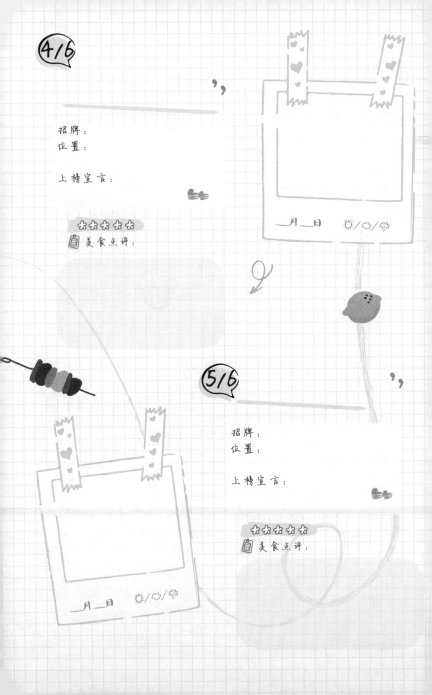

4/6

招牌：
位置：

上榜宣言：

★★★★★
美食点评：

___月___日　☀/☁/⚡

5/6

招牌：
位置：

上榜宣言：

★★★★★
美食点评：

___月___日　☀/☁/⚡

(b/b)

心仪店铺安利

招牌：

位置：

上榜宣言：

★★★★★

美食点评：

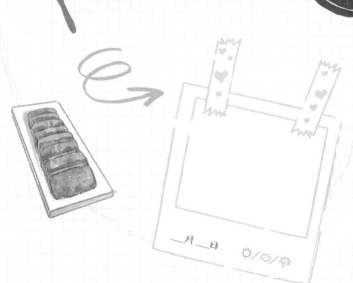

_月_日 ☀/☁/☂

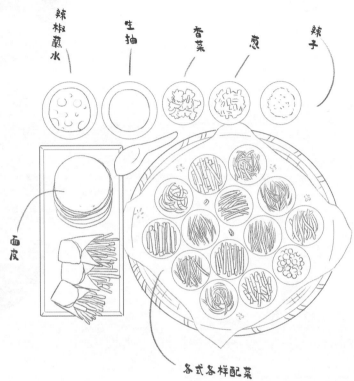

辣椒蘸水

生抽

香菜

葱

辣子

面皮

各式各样配菜

丝娃娃

此项必备鱼腥草

老干妈

全世界最火辣的女人

豆豉

鲜辣椒

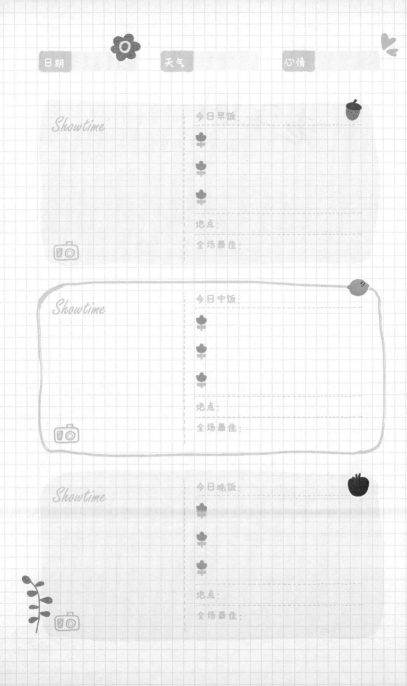

日期　　　　天气　　　　心情

Showtime

今日早饭：
地点：
全场最佳：

Showtime

今日中饭：
地点：
全场最佳：

Showtime

今日晚饭：
地点：
全场最佳：

日期　　　　天气　　　　　　心情

Showtime

今日早饭：

地点：

全场最佳：

Showtime

今日中饭：

地点：

全场最佳：

Showtime

今日晚饭：

地点：

全场最佳：

Showtime

今日早饭：

地点：
全场最佳：

Showtime

今日中饭：

地点：
全场最佳：

Showtime

今日晚饭：

地点：
全场最佳：

肥宅的快乐离不开洋芋

炸洋芋

菜谱难度：★ ☆ ☆ ☆ ☆

用料：

土豆 2个	大蒜水 1汤勺
折耳根 1把	辣椒面 1料理勺
酸萝卜 2料理勺	
醋 1汤勺	
生抽 2汤勺	

1/ 大蒜切碎泡水，折耳根酸萝卜切碎。

2/ 土豆用磨具切成狼牙状。

3/ 锅内放菜籽油，油烧热放土豆开炸，炸至外表起高焦黄。

4/ 容器内放入之前的调料和辣椒面，将炸土豆的热油浇入，放入炸好的土豆搅拌均匀。

5/ 撒上折耳根碎，准备肥宅水，开吃。

小技巧　三成油温滑熟　五成油温干炸　七成油温复炸

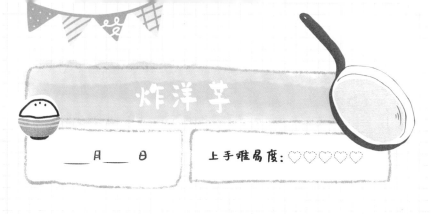

炸洋芋

___月___日

上手难易度: ♡♡♡♡♡♡

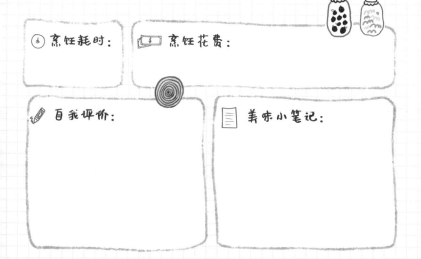

🕐 烹饪耗时:

💵 烹饪花费:

✏️ 自我评价:

📝 美味小笔记:

夏肥还没减下去又要开始贴秋膘了

贵州の不可思议
辣子鸡居然是贵州名菜

21 天美食打卡

顿 / 天	1	2	3	4	5	6	7	8	9
早饭									
中饭									
晚饭									

Monday	Tuesday	Wednesday	Thursday

10	11	12	13	14	15	16	17	18	19	20	21

Friday	Saturday	Sunday	Special day

Welcome to

上海

大上海的繁华
只有去了才知道

生煎包

慎入！生煎包爱潑喷花样展开方式

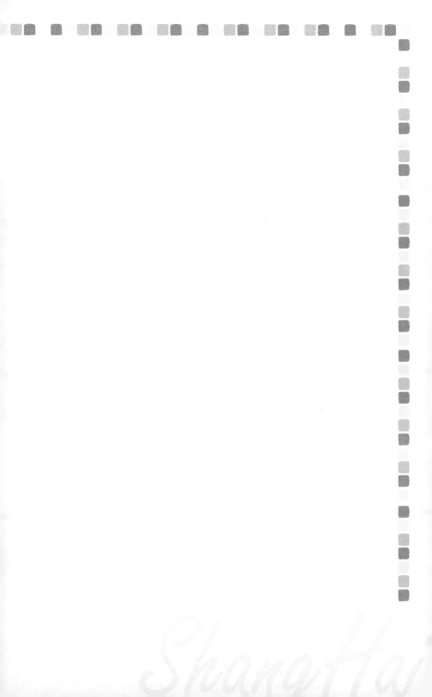

网红·老店·打卡

___月___日

1/6

小杨生煎

招牌：鲜肉生煎/荠菜生煎
位置：上海市静安区吴江路269号湟普汇2层
上榜宣言：上软下焦，汤汁鲜美

美食点评：

阿大葱油饼

招牌：葱油饼

位置：上海市黄浦区瑞金二路
120号-4

上榜宣言：香飘十里的葱油饼

★★★★★

📋 美食点评：

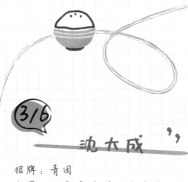

__月__日　☀/☁/☂

沈大成

招牌：青团

位置：上海市黄浦区南京东路
636号

上榜宣言：糕点必买，绝佳伴
手礼

★★★★★

📋 美食点评：

__月__日　☀/☁/☂

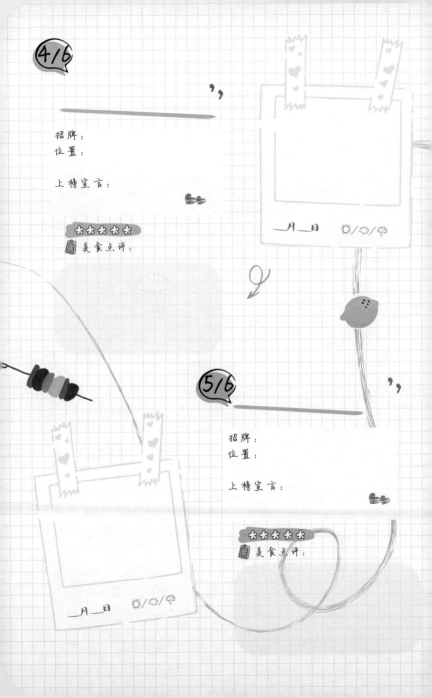

4/6

招牌：
位置：

上榜宣言：

★★★★★
美食点评：

___月___日 ☼/☁/⚡

5/6

招牌：
位置：

上榜宣言：

★★★★★
美食点评：

___月___日 ☼/☁/⚡

616

——————————— ,,

心仪店铺安利

招牌:

位置:

上榜宣言:

★★★★★

📋 美食点评:

＿月＿日 ☼/☁/☂

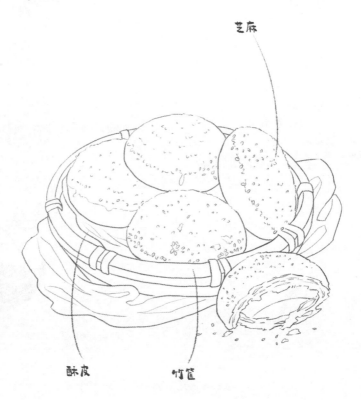

芝麻

酥皮　　竹筐

蟹壳黄

未见饼家先闻香

入口酥皮纷纷下

老上海大排面

香排龙须
葱香浓郁

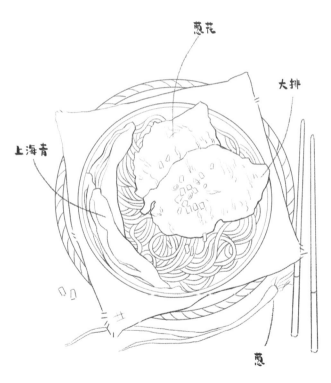

葱花

大排

上海青

葱

日期　　　　　　天气　　　　　心情

Showtime

今日早饭：

地点：

全场最佳：

Showtime

今日中饭：

地点：

全场最佳：

Showtime

今日晚饭：

地点：

全场最佳：

Showtime

今日早饭

🍁

🍁

🍁

地点:

全场最佳:

Showtime

今日午饭

🍁

🍁

🍁

地点:

全场最佳:

Showtime

今日晚饭

🍁

🍁

🍁

地点:

全场最佳:

Showtime

今日早饭：

地点：
全场最佳：

Showtime

今日中饭：

地点：
全场最佳：

Showtime

今日晚饭：

地点：
全场最佳：

葱油

家中必备囤货

菜谱难度：★ ☆ ☆ ☆ ☆

用料：

| 小葱 | 1把 | 老抽 | 1勺 |
| 蚝油 | 1勺 | 生抽 | 2勺 |

1/ 小葱洗净，切段，葱白与葱叶分开沥水放置。

2/ 锅中倒油，烧至五成热，转中小火将葱白先倒入锅中，然后五秒后倒入葱叶，小火慢熬变成焦黄色。

3/ 将生抽老抽蚝油搅拌均匀倒入锅中，中火搅拌均匀，一分钟后关火倒入密封瓶中冷却。

4/ 葱油冷却放入冰箱可以一个月不坏。

小技巧　　　　小葱与小苏打可是好伙伴

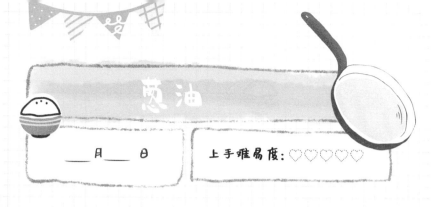

葱油

____月____日

上手难易度: ♡♡♡♡♡♡

⏱ 烹饪耗时:　　💴 烹饪花费:

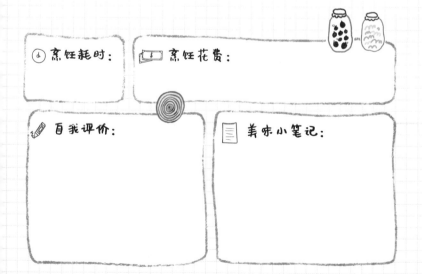

✏️ 自我评价:　　　📄 美味小笔记:

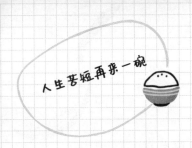

人生苦短再来一碗

触动人心的除了甜软的吴语
还有一碗碗上海美食

南京

秦淮夜游 金陵古韵

酱封獭玉双双嫩

壳凸红香蚌蚌肥

醉蟹

网红·老店·打卡

＿月＿日   ☼/☁/☂

1/6

回味鸭血粉丝 ''

招牌：鸭血粉丝汤＋鲜肉笼包
位置：南京市秦淮区中山南路1号新百店
上榜宣言：鲜嫩鸭血配上浓香底汤，一碗满足

★★★★★
美食点评：

2/6

南京大排档 "

招牌：民国美龄粥
位置：江苏省南京市秦淮区平江府路60号4楼
上榜宣言：种类齐全的地道美食大排档

★★★★★
美食点评：

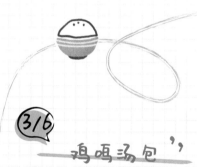

＿月＿日　☀/☁/☂

3/6

鸡鸣汤包 "

招牌：鸡鸣汤包
位置：江苏省南京市鼓楼区湖南路狮子桥7号
上榜宣言：皮薄不漏，汤汁充盈，鲜而不腻

★★★★★
美食点评：

＿月＿日　☀/☁/☂

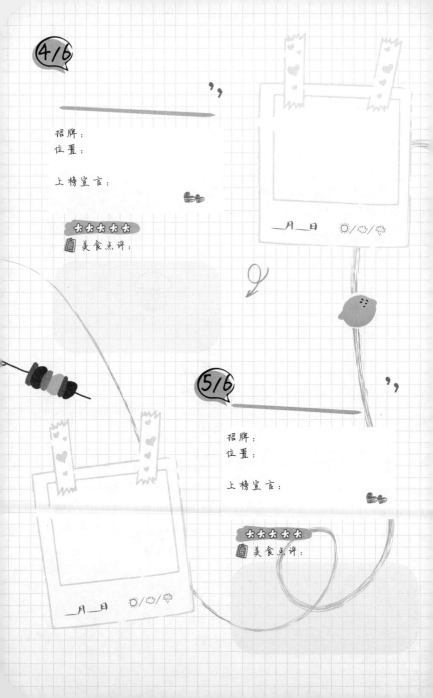

4/6

招牌：
位置：

上榜宣言：

★★★★★
美食点评：

___月___日　☀/☁/⛈

5/6

招牌：
位置：

上榜宣言：

★★★★★
美食点评：

___月___日　☀/☁/⛈

616

心仪店铺安利

招牌：
位置：

上榜宣言：

★★★★★
📖 美食点评：

_月_日　☀/☁/☂

鸭血粉丝

南京白月光 鸭血粉丝汤

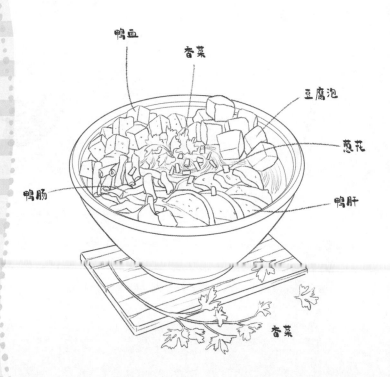

鸭血

香菜

豆腐泡

葱花

鸭肠

鸭肝

香菜

藕粉

芋头块

桂花

桂花

桂花糖芋苗

金陵四大美食小食之一

日期　　天气　　心情

Showtime

今日早饭

地点

全场最佳

Showtime

今日中饭

地点

全场最佳

Showtime

今日晚饭

地点

全场最佳

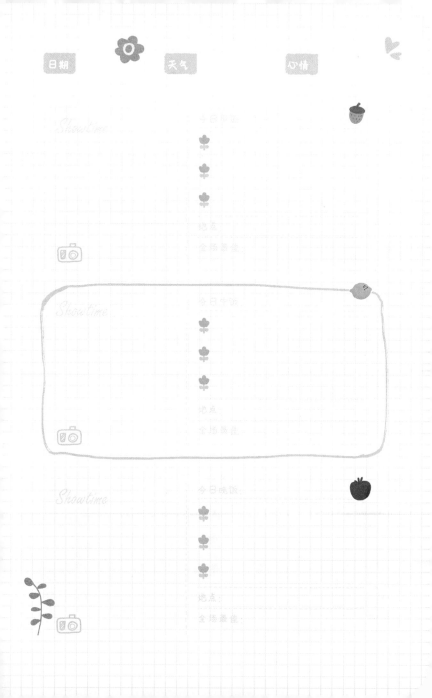

Showtime
今日上映

🌸

🌸

🌸

地点

全场最佳

📷

Showtime
今日上映

🌸

🌸

🌸

地点

全场最佳

📷

Showtime
今日映派

🌸

🌸

🌸

地点

全场最佳

📷

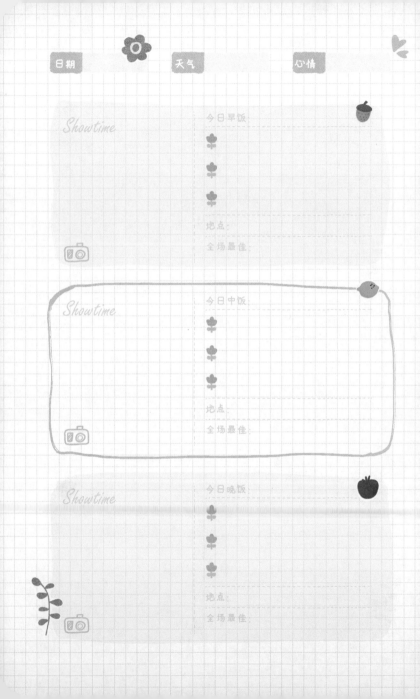

日期　　　　天气　　　　心情

Showtime

今日早饭：
🌿
🌿
🌿
地点：
全场最佳：

Showtime

今日中饭：
🌿
🌿
🌿
地点：
全场最佳：

Showtime

今日晚饭：
🌿
🌿
🌿
地点：
全场最佳：

赤豆酒酿小圆子

冬日暖心糖水　　菜谱难度：★★☆☆☆

用料：

桂花糖	2勺	红糖	1勺
酒酿	2勺	藕粉	1包
小汤圆	50g		

1/ 红豆洗净，加水浸泡一夜（夏天记得放冰箱！别问我怎么知道的除非你想吃豆芽）。

2/ 红豆加水放入电饭煲，按煮豆模式炖煮一个半小时，红豆煮烂即可。

3/ 锅内烧水，倒入小汤圆，轻推，煮至小汤圆浮起，膨胀两倍大，捞出待用。

4/ 藕粉用少量温水化开，待用。

5/ 锅中留一碗水煮开，加入酒酿、桂花糖、熟红豆煮开，往锅中加入化开的藕粉，搅拌至藕粉变熟，汤变浓稠即可。

6/ 漂亮容器内倒入煮熟的小圆子和煮好的红豆酒酿，搅拌均匀。

赤豆酒酿小圆子

___月___日

上手难易度：♡♡♡♡♡♡

🕐 烹饪耗时：

💵 烹饪花费：

✏️ 自我评价：

📋 美味小笔记：

每天叫醒你的不是梦想
而是你饥饿的小肚子

南京城的每一帧都是浪漫的情诗

21 天美食打卡

顿/天	1	2	3	4	5	6	7	8	9
早饭									
中饭									
晚饭									

Monday	Tuesday	Wednesday	Thursday

21 day plan

10	11	12	13	14	15	16	17	18	19	20	21

Friday	Saturday	Sunday	Special day

Welcome to

广 州

食在广州 味在西关

早茶

老广州人的"一盅两件"简直就是一天里最重要的事

网红·老店·打卡

_月_日 ☼/☁/🌧

1/6

陶陶居

招牌：虾饺
位置：广州市荔湾区第十甫路 20 号
上榜宣言：舌尖上的中国五星酒家

☆☆☆☆☆
美食点评：

陈添记

招牌：鱼皮
位置：广州市荔湾区宝华路
十五甫三巷内第二档
上榜宣言：只卖三种食物，因为
专注，所以专业

★★★★★
📋美食点评：

_月_日　☀ / ☁ / ☂

316 银记肠粉

招牌：金牌牛肉拉肠
位置：广州市荔湾区上九路79号
上榜宣言：晶莹剔透，鲜美爽滑

★★★★★
📋美食点评：

_月_日　☀ / ☁ / ☂

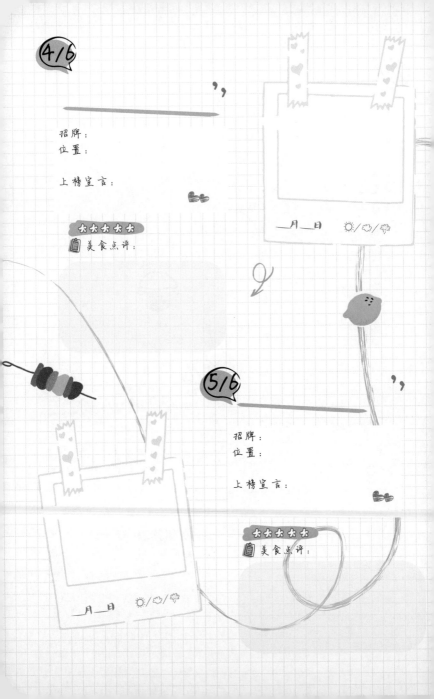

4/6

招牌：
位置：

上榜宣言：

★★★★★
美食点评：

＿月＿日　☀/☁/⚡

5/6

招牌：
位置：

上榜宣言：

★★★★★
美食点评：

＿月＿日　☀/☁/⚡

616

"_____"

心仪店铺安利

招牌:

位置:

上榜宣言:

★★★★★

美食点评:

__月__日 ☀/☁/🌧

·绘食绘色·

煲仔饭

香脆的煲仔饭
揭盖时藏着满满的幸福

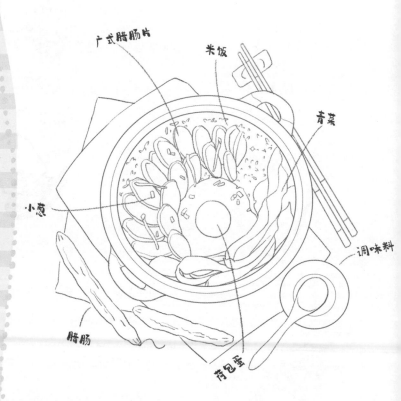

广式腊肠片

米饭

青菜

小葱

调味料

腊肠

药包蛋

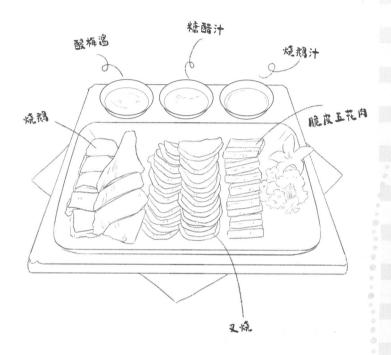

酸梅酱

糖醋汁

烧鹅汁

烧鹅

脆皮五花肉

叉烧

烧腊拼盘

肥瘦适中的叉烧 一口销魂

日期 天气 心情

Showtime

今日早饭:

地点:

全场最佳:

Showtime

今日中饭:

地点:

全场最佳:

Showtime

今日晚饭:

地点:

全场最佳:

日期　　　　天气　　　　心情

Showtime

今日早饭：

🌼
🌼
🌼

地点：
全场最佳：

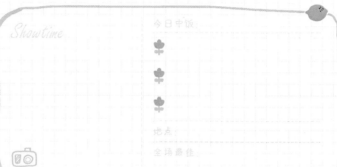

Showtime

今日中饭：

🌼
🌼
🌼

地点：
全场最佳：

Showtime

今日晚饭：

🌼
🌼
🌼

地点：
全场最佳：

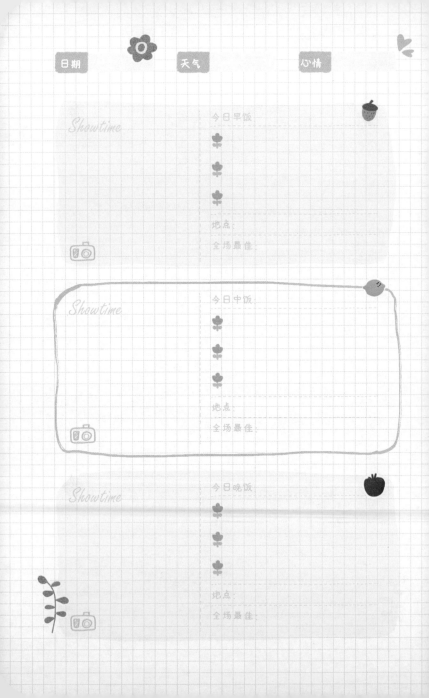

日期　　　　　天气　　　　　心情

Showtime

今日早饭

地点:
全场最佳:

Showtime

今日中饭

地点:
全场最佳:

Showtime

今日晚饭

地点:
全场最佳:

双皮奶

菜谱难度：★ ★ ☆ ☆ ☆

用料：

全脂牛奶　　500ml

蛋清　3个　糖　适量

1/ 将牛奶煮到冒泡，倒入碗中，待冷后，浮出奶皮。

2/ 蛋清加入砂糖，搅拌均匀。

3/ 用牙签挑开边缘奶皮，将牛奶倒入蛋清里，奶皮留在碗里。

4/ 蛋清和牛奶搅拌均匀，过滤网，将过滤后的牛奶混合物倒入有奶皮的碗中。

5/ 带奶皮浮起，包上保鲜膜，等水上汽后，蒸10分钟。

6/ 蒸熟后，你就发现碗中又浮起一层奶皮了，双皮奶 get。

小技巧　牛奶不能高温加热哦

双皮奶

_____ 月 _____ 日

上手难易度：♡♡♡♡♡♡♡

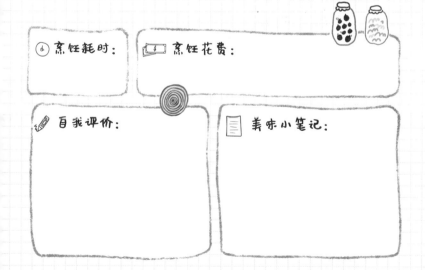

🕐 烹饪耗时：

💵 烹饪花费：

✏️ 自我评价：

📋 美味小笔记：

想尝遍每一种早茶
想与你度过每个早晨

在广州
甜品吃一吃
生活会快乐许多

福州

繁花如夏 四季如春 幸福之州

佛跳墙

坛启荤香飘四邻 佛闻弃禅跳墙来

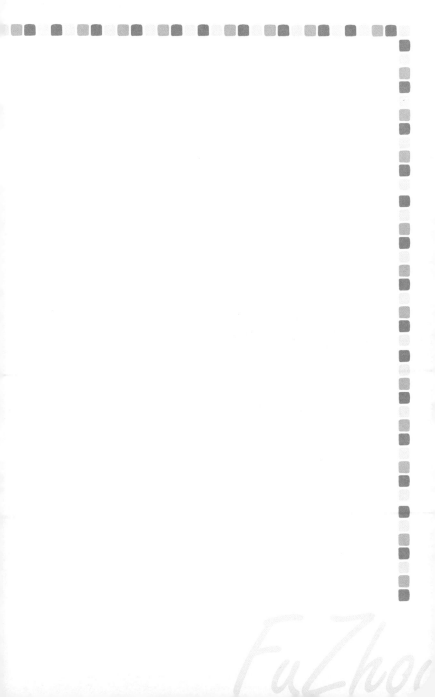

网红·老店·打卡

1/6

聚春园大酒店

招牌：佛跳墙
位置：福州市东街 2 号
上榜宣言：佛跳墙发祥地

★★★★★

美食点评：

___月___日 ☼/☁/☂

2/6

麦大叔 "

招牌：连城白鸭汤

位置：福州市鼓楼区风湖路158号融侨锦江

建设银行右侧二楼

上榜宣言：地道客家菜馆

★★★★★

美食点评：

__月__日 ☼/☁/☂

3/6

学军盛记 "

招牌：红鲟饭

位置：福州市台江区学军路与高顶路交叉口南100米

上榜宣言：物美价廉，膏浓为香

★★★★★

美食点评：

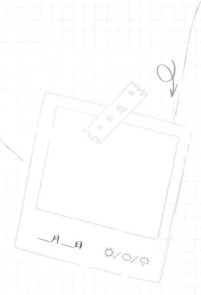

__月__日 ☼/☁/☂

4/6

招牌：
位置：

上榜宣言：

美食点评：

___月___日

5/6

招牌：
位置：

上榜宣言：

美食点评：

___月___日

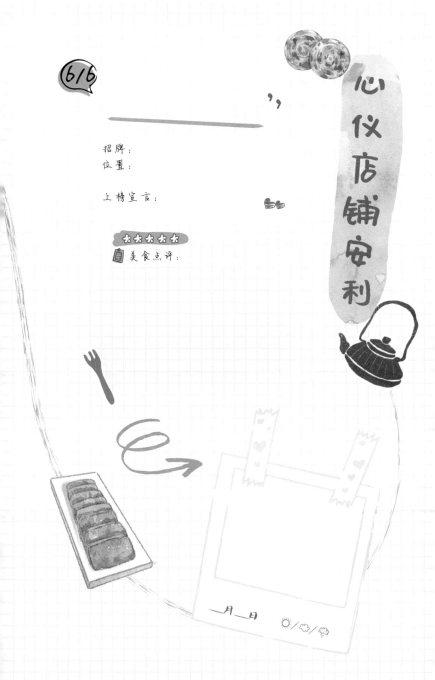

616

心仪店铺安利

招牌：

位置：

上榜宣言：

★★★★★

美食点评：

_月_日 ☼/☁/☂

劳动人民的无限创造

蚵仔煎

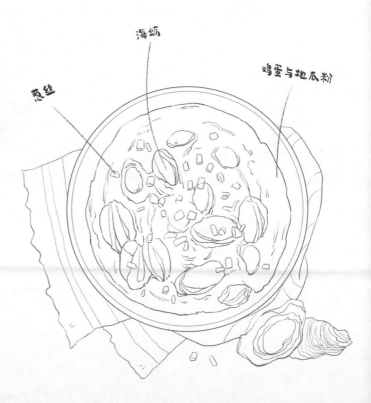

海蛎

鸡蛋与地瓜粉

葱丝

香菜

星虫

蘸料

土笋冻

山里有冬虫 海里有星虫

日期　　　天气　　　心情

Showtime

今日早饭
🍀
🍀
🍀
地点:
全场最佳:

Showtime

今日中饭
🍀
🍀
🍀
地点:
全场最佳:

Showtime

今日晚饭
🍀
🍀
🍀
地点:
全场最佳:

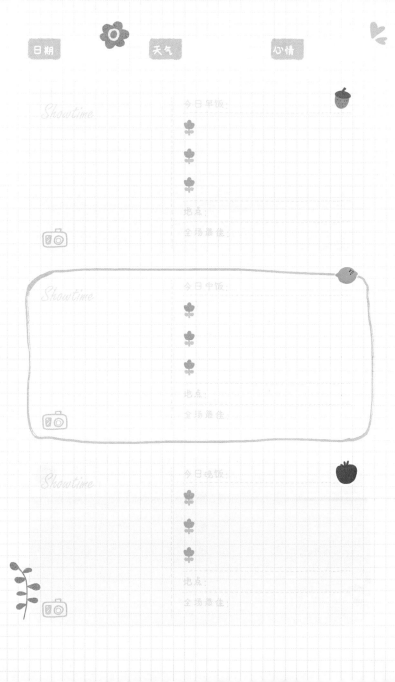

Showtime

今日早饭:

地点:
全场最佳:

Showtime

今日中饭:

地点:
全场最佳:

Showtime

今日晚饭:

地点:
全场最佳:

日期　天气　心情

Showtime

今日早饭：

地点：

全场最佳：

Showtime

今日中饭：

地点：

全场最佳：

Showtime

今日晚饭：

地点：

全场最佳：

秋冬进补上选

姜母鸭

菜谱难度：★ ★ ★ ★ ☆

用料：

母鸭	1只	芝麻	5g
老姜	250~300g	香叶	4片
芝麻油	2勺	桂皮	1块
生抽	2勺	八角	3颗
老抽	2勺		

1/ 生姜洗去泥沙，切成薄片。

2/ 鸭子剁块，洗净，泡去血水。

3/ 锅中烧水，水开后将鸭子过水，洗净沥干水分。

4/ 锅内倒入芝麻油，油烧热后放入姜片，姜片炸至金黄捞出备用，锅中留部分油。

5/ 锅中加入八角、香叶，炒出香味倒入鸭肉炒到金黄，放入姜片麻油，加入料酒，加入生抽老抽翻炒均匀。

6/ 加入开水没过鸭肉，炖煮1~2小时，最后大火收汁。

小技巧　　紧锅粥　慢锅肉

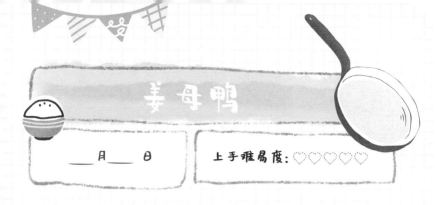

姜母鸭

___月___日

上手难易度：♡♡♡♡♡♡♡

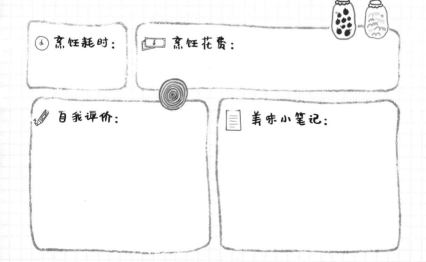

🕐 烹饪耗时：

💵 烹饪花费：

📝 自我评价：

📋 美味小笔记：

在福州最好的春光里
遇见美食的精致

21 天美食打卡

顿/天	1	2	3	4	5	6	7	8	9
早饭									
中饭									
晚饭									

Monday	Tuesday	Wednesday	Thursday

10	11	12	13	14	15	16	17	18	19	20	21

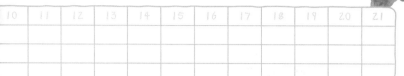

Friday	Saturday	Sunday	Special day

足不出户，就能吃遍天下
的神奇打开方式

B E N K U

一
本
言
色

万
般
皆
酷

图书在版编目（CIP）数据

跟着美食去旅行 / 嗨迪编著 .

一武汉：长江出版社，2020.7

ISBN 978-7-5492-6406-3

Ⅰ.①跟… Ⅱ.①嗨… Ⅲ.①饮食 - 文化 - 世界　Ⅳ.

① TS971.201

中国版本图书馆 CIP 数据核字（2019）第 065680 号

跟着美食去旅行 ／ 嗨迪 编著

出　　版	长江出版社			
	（武汉市解放大道1863号　邮政编码：430010）			
选题策划	漫娱　李苗苗			
市场发行	长江出版社发行部			
网　　址	http://www.cjpress.com.cn			
责任编辑	江　南			
总 编 辑	熊　嵩			
执行总编	罗晓琴			
装帧设计	刘江南	开　本	880mm×1194mm　特规 1／32	
特约插画	小玉米子	印　张	7.75	
印　　刷	中华商务联合印刷（广东）有限公司	字　数	128千字	
版　　次	2020年7月第1版	书　号	ISBN 978-7-5492-6406-3	
印　　次	2020年7月第1次印刷	定　价	38.00元